SITZUNGSBERICHTE DER DEUTSCHEN AKADEMIE
DER WISSENSCHAFTEN ZU BERLIN

Klasse für Mathematik, Physik und Technik
Jahrgang 1960 Nr. 2

ÜBERLEGUNGEN ZU DEN GRUNDLAGEN DER WAHRSCHEINLICHKEITSRECHNUNG

von

L. JÁNOSSY

Zentralforschungsinstitut für Physik
der Ungarischen Akademie der Wissenschaften,
Budapest

Mit einer Abbildung

AKADEMIE-VERLAG · BERLIN
1960

Vorgelegt von Hrn. Jánossy in der Gesamtsitzung vom 14. Januar 1960
Zum Druck genehmigt am gleichen Tage, ausgegeben am 15. August 1960

Erschienen im Akademie-Verlag GmbH, Berlin W 1, Leipziger Straße 3—4

Lizenz-Nr.: 202 · 100/749/60
Gesamtherstellung: VEB Druckerei „Thomas Müntzer“ Bad Langensalza
Bestellnummer: 2010/60/I/2
Preis: DM 1,90
Printed in Germany
ES 19 B 5

I. Einführung

In den folgenden Überlegungen versuchen wir, die Grundgesetze der Wahrscheinlichkeitsrechnung aus qualitativen Überlegungen abzuleiten. Unsere Überlegungen haben keinen axiomatischen Charakter und können in gewissem Sinne als eine Ergänzung der axiomatischen Behandlung der Wahrscheinlichkeitsrechnung betrachtet werden; wir gehen daher nicht von Axiomen aus, sondern versuchen im Gegenteil, die üblich postulierten Axiome auf Grund von physikalischen Überlegungen abzuleiten.

Wir wollen davon ausgehen, daß Wahrscheinlichkeit ebenso eine physikalische Größe ist wie etwa Temperatur, Energie, usw. und wollen sie in eben solcher Weise einführen, wie man in der Physik andere physikalische Größen, wie z. B. die Temperatur, einführt.

Im Falle der Temperatur ging man ursprünglich davon aus, daß qualitativ zwischen kalt und warm unterschieden werden kann. Was kalt oder warm ist, kann nicht, aber braucht auch nicht definiert zu werden. Die Erfahrungen mit kalten und warmen Körpern führten zu der Erfindung des Thermometers. Mit Hilfe des Thermometers war es möglich, den qualitativen Unterschied zwischen warm und kalt in eine quantitative Form zu bringen. Versuche mit dem Thermometer zeigten jedoch, daß verschiedene Thermometer zu zueinander widersprechenden Skalen führen. Die weitere Entwicklung der Theorie die Thermodynamik, ermöglichte es, aus diesen verschiedenen Skalen eine ausgezeichnete, nämlich die absolute KELVIN-Skala auszuwählen, und auf diese Weise eine eindeutige quantitative Temperaturskala zu schaffen.

Wir möchten einen ähnlichen Weg bei der Einführung der Wahrscheinlichkeit beschreiten. Wir können davon ausgehen, daß wir unmittelbar wissen, was es bedeutet, wenn wir von einem Ereignis behaupten, es sei „sehr wahrscheinlich". Ebenso können wir als bekannt ansehen, was darunter zu verstehen ist, daß ein Ereignis „sehr unwahrscheinlich" ist. Dies bedarf keiner Definition; im täglichen Leben sind wir gezwungen, alle unsere Handlungen auf solche extremen Wahrscheinlichkeiten zu basieren. Wir überschreiten die Straße in einem Augenblick, wo es uns sehr wahrscheinlich erscheint, daß uns kein Fahrzeug überfahren wird. Wie es die Verkehrsunfälle zeigen, können wir uns nicht auf den Fall beschränken, wo es schlechthin sicher ist, daß die Straße überkreuzt werden kann. Ferner benützen wir das Flugzeug als Verkehrsmittel, obwohl wir aus der Verkehrsstatistik wissen, daß es nur sehr wahrscheinlich ist, daß wir am Ziel ankommen werden. Der sehr Vorsichtige könnte zwar sagen, daß wir dem Risiko dadurch ausweichen können, daß wir solche Situationen vermeiden, in denen eine, wenn auch nur sehr kleine Wahrscheinlichkeit, zu einem Unfall besteht. Jedoch ist es nicht möglich, dieses Verhalten konsequent durchzuführen: Wir müßten aufhören zu essen, wenn wir mit Sicherheit die Gefahr vermeiden wollten, uns zufällig durch schlechte Nahrungsmittel zu vergiften.

Genau so wie im täglichen Leben müssen wir uns auch in der Wissenschaft damit zufrieden geben, daß wir von Ereignissen nur feststellen können, ob sie sehr wahrscheinlich oder sehr unwahrscheinlich sind. Bei einem sehr wahrscheinlichen Ereignis müssen wir praktisch voraussetzen, daß es eintritt, und bei einem sehr unwahrscheinlichen, daß es nicht eintreten wird. Mehr als dies, nämlich eine völlige Sicherheit in unseren Schlüssen, können wir praktisch nicht fordern.

II. Qualitative Wahrscheinlichkeitsskala

In dieser qualitativen Weise können wir Ereignissen Wahrscheinlichkeiten zuschreiben. Wir können die Enden der Skala der Wahrscheinlichkeiten als unmittelbar gegeben ansehen. Bezeichnen wir die Wahrscheinlichkeit eines Ereignisses, das sicher eintreten wird, mit M und die Wahrscheinlichkeit eines ausgeschlossenen Ereignisses mit m. Setzen wir voraus, daß $M > m$ sei. Die Wahrscheinlichkeit eines Ereignisses, das beinahe sicher ist, soll einen Wert wenig kleiner als M haben, und die Wahrscheinlichkeit eines fast ausgeschlossenen Ereignisses einen Wert ziemlich nahe m. Es ist üblich, $M = 1$ und $m = 0$ zu setzen, jedoch wollen wir diese Voraussetzungen, vorläufig nicht einführen. Wir sind nur bestrebt, eine Skala von Wahrscheinlichkeiten zwischen beliebigen Grenzen M und m einzuführen.

Wenn wir einem Ereignis eine Wahrscheinlichkeit p zuschreiben, wobei p sich innerhalb des Intervalls m und M befinden soll, ohne der einen oder der anderen Grenze sehr nahe zu kommen, dann ist es ungewiß, ob das Ereignis eintreffen wird oder nicht. Wir möchten hier betonen, daß der exakte Wert der Wahrscheinlichkeit p im Falle eines derartigen ungewissen Ereignisses wenig direkte Bedeutung hat. Wenn wir wissen, daß die Wahrscheinlichkeit dafür, daß es morgen regnen wird 30% ist, dann müßten wir uns sowohl auf Regen wie auf gutes Wetter vorbereiten. Es würde uns auch wenig helfen, wenn man mit Hilfe von exakten meteorologischen Beobachtungen feststellen könnte, daß die Wahrscheinlichkeit nicht 30 sondern z. B. 40% sei. Mit dieser Bemerkung wollen wir nicht behaupten, daß es unnötig sei, eine quantitative Wahrscheinlichkeitsskala einzuführen. Unseren späteren Überlegungen vorgreifend wollen wir nämlich bemerken, daß aus der ungewissen Aussage, daß ein Ereignis mit der Wahrscheinlichkeit p eintreffen wird, die folgende, beinahe sichere Aussage gemacht werden kann: Wenn sich die Umstände, in denen das betrachtete Ereignis mit der Wahrscheinlichkeit p eintritt, N-mal wiederholen, dann ist es fast sicher, daß sich in den N Fällen das Ereignis ungefähr k-mal wiederholen wird, wobei

$$k = N p .$$

Wie bereits erwähnt, haben wir unseren späteren Überlegungen mit diesem Beispiel vorgegriffen. Die obige Aussage muß übrigens noch präzisiert werden, und es muß genauer festgelegt werden, was unter „ungefähr“ zu verstehen ist. Wir werden auf diese Fragen weiter unten zurückkommen.

III. Additionsgesetz der Wahrscheinlichkeiten

Um eine Wahrscheinlichkeitsskala einführen zu können, müssen wir die Eigentümlichkeiten der Wahrscheinlichkeit in praktischen Fällen betrachten. Dabei ist es wünschenswert, diese Fälle möglichst allgemein zu halten.

Betrachten wir irgendein Ereignis „A“. Als Beispiel denken wir an eine Zählapparatur, die etwa die Einschläge von α-Strahlen registriert. Nehmen wir an, die Anordnung werde für eine Minute eingeschaltet. Das Ereignis „A“ sei dann eingetroffen, wenn die Ablesung eine Zahl n im Intervall

$$0 \leq n < 10 \tag{1}$$

ergibt. Genauer genommen handelt es sich hier nicht einfach um ein Ereignis, sondern um einen Typus. Jede sich wiederholende Ablesung der Apparatur führt zu einer Zahl n, und es besteht eine gewisse Wahrscheinlichkeit, sagen wir p, dafür, daß eine gegebene Ablesung zu einer Zahl im Intervall (1) führt.

In derselben Weise können wir mehrere Ereignisse B, C, ... einführen. Setzen wir etwa fest:

$$\left.\begin{array}{l}\text{Ereignis } A \text{ trifft ein, falls } 0 \leq n < 10\,,\\ \text{Ereignis } B \text{ trifft ein, falls } 10 \leq n < 20\,,\\ \text{Ereignis } C \text{ trifft ein, falls } 20 \leq n < 30\,.\end{array}\right\} \quad (2)$$

Bezeichnen wir die (unbekannten) Werte der Wahrscheinlichkeiten der Ereignisse A, B, C mit p, q, r.

Die obige Festsetzung der Ereignisse soll nur als ein Beispiel dienen. Ein anderes, gleichwertiges Beispiel wäre etwa die folgende alternative Festsetzung für die Ergebnisse beim Würfelspiel.

$$\left.\begin{array}{l}\text{Ereignis } A \text{ trifft ein, falls der Würfel die „3“ zeigt,}\\ \text{Ereignis } B \text{ trifft ein, falls der Würfel die „5“ zeigt,}\\ \text{Ereignis } C \text{ trifft ein, falls der Würfel eine gerade Zahl}\\ \text{zeigt.}\end{array}\right\} \quad (3)$$

Viele andere ähnliche Beispiele könnten gebracht werden. Wir wollen jedoch festhalten, daß in beiden Beispielen die Ereignisse A, B, C sich *gegenseitig ausschließende* Ereignisse sind. In der Tat, wenn eine Ablesung der Apparatur zu dem Ereignis A führt, dann kann diese Ablesung nicht mehr dem Ereignis B oder C entsprechen. Daß sich die Ereignisse A, B, C ausschließen, liegt in ihrer Definition. Ein Ereignis D, das wir etwa einführen als das Ereignis, bei dem die Ablesung einen Wert n in einem Intervall $5 \leq n < 15$ ergibt, würde das Ereignis C ausschließen, aber mit A oder B verträglich sein.

Im folgenden wollen wir Zusammenhänge zwischen den Wahrscheinlichkeiten p, q, r der Ereignisse A, B, C feststellen. Betrachten wir zu diesem Zweck ein Ereignis a mit der Wahrscheinlichkeit P so, daß das Ereignis a eintrifft, falls A oder B eintritt.

Es kann angenommen werden, daß P eine Funktion der Wahrscheinlichkeiten p und q ist, etwa

$$P = f(p, q) . \tag{4}$$

Wir wollen aus allgemeinen Überlegungen einige Eigenschaften dieser Funktion f ableiten.

1) Da die Reihenfolge der Ereignisse A und B keine Bedeutung hat, folgert man

$$f(p, q) = f(q, p) . \tag{I}$$

2) Ist etwa das Ereignis B unmöglich, also $q = m$, dann ist die Wahrscheinlichkeit von a gleich der von A, also

$$f(p, m) = p . \tag{II}$$

3) Ist das Ereignis B nicht ausgeschlossen, also falls $q > m$, dann ist die Wahrscheinlichkeit, daß eines der Ereignisse A oder B eintrifft, größer als die Wahrscheinlichkeit, daß einfach A eintritt, also

$$f(p, q) > p , \quad \text{falls} \quad q > m . \tag{III}$$

4) Betrachten wir die Wahrscheinlichkeit W, daß eines der drei Ereignisse A, B oder C eintrifft. Diese Wahrscheinlichkeit ist jedenfalls gleich der Wahrscheinlichkeit, daß a oder C eintrifft, also

$$W = f(P, r) . \tag{5}$$

Fassen wir dagegen die Ereignisse B und C zu einem Ereignis b zusammen, so daß also das Ereignis b eintrifft, falls B oder C eintrifft.

Dann können wir auch schreiben

$$W = f(p, Q) , \tag{6}$$

wobei

$$Q = f(q, r) \tag{7}$$

die Wahrscheinlichkeit des Ereignisses b ist.

Zusammenfassend können wir mit Hilfe von (4), (5), (6) und (7) schreiben

$$f(f(p,q),r) = f(p,f(q,r)) \,. \tag{IV}$$

Gleichungen I—IV legen der Funktion f gewisse Einschränkungen auf. Wir bemerken, daß die obigen Gleichungen in auffallender Analogie zu den vier Grundpostulaten der Addition stehen, nämlich

$$p + q = q + p \,, \tag{I'}$$

$$p + 0 = p \,, \tag{II'}$$

$$p + q > p \,, \quad \text{falls} \quad q > 0 \,, \tag{III'}$$

$$(p + q) + r = p + (q + r) \,. \tag{IV'}$$

Vergleichen wir die gestrichenen Gleichungen mit den ungestrichenen, dann sehen wir, daß eine mögliche Lösung der Gleichungen I—IV gegeben ist durch

$$f(p,q) = p + q \,, \tag{8}$$
$$m = 0 \,.$$

Jedoch ist (8) nicht die einzige Lösung des Systems I—IV. Man überzeugt sich, daß

$$f(p,q) = \varphi^{-1}\left(\varphi(p) + \varphi(q)\right) \quad \text{mit} \quad q(m) = 0 \tag{9}$$

gesetzt werden kann, wobei φ^{-1} die inverse Funktion von φ bedeutet und $\varphi(p)$ eine streng monotone Funktion des Argumentes p bedeutet. J. Aczél[1]) hat gezeigt, daß (9) unter gewissen unwesentlichen Einschränkungen die allgemeinste Lösung darstellt.

Auf die Bedeutung der Funktion φ wollen wir später zurückkehren, wir bemerken hier nur das Folgende. Wenden wir die Funktion φ auf beide Seiten von (9) an, dann erhalten wir mit Hilfe von (4)

$$\varphi(P) = \varphi(p) + \varphi(q) \,. \tag{10}$$

[1]) J. Aczél, Acta Phys. Hung. 4, 351, 1955.

Bezeichnen wir etwa $\varphi(p) = p'$, $\varphi(q) = q'$, $\varphi(m) = m'$ und $\varphi(P) = P'$, dann haben wir statt (9)

$$P' = p' + q', \; m' = 0 . \qquad (11)$$

Wir sehen also, daß wir durch eine geeignete Änderung der Skala der Wahrscheinlichkeiten das allgemeine Gesetz (9) auf die einfache Form (8) zurückbringen können. Damit haben wir das Additionsgesetz der Wahrscheinlichkeiten (bis auf eine Unbestimmtheit in der Skala) aus qualitativen Überlegungen hergeleitet.

IV. Das Multiplikationsgesetz

Das Multiplikationsgesetz der Wahrscheinlichkeiten kann in einer ähnlichen Weise hergeleitet werden, jedoch müssen wir bei seiner Herleitung den Begriff der *unabhängigen* Ereignisse einführen.

Unter welchen Umständen Ereignisse voneinander unabhängig sind, läßt sich durch Definition nicht festlegen. Eine genauere Analyse zeigt übrigens, daß es absolut unabhängige Ereignisse wohl gar nicht gibt. In welche Schwierigkeiten man sich verstrickt, wenn man zu hohe Forderungen stellt, mag durch das folgende Beispiel erläutert werden.

Wenn wir einen Würfel werfen, dann mögen die Zahlen, die sich als Resultate der Würfe ergeben, als voneinander unabhängig betrachtet werden. Wenn wir jedoch den Würfel mit der Hand werfen, dann können wir eine gewisse subjektive Beeinflussung kaum vermeiden, die Ergebnisse können also nicht als ganz unabhängig angesehen werden. Der subjektive Einfluß kann ausgeschaltet werden, wenn wir den Würfel statt mit der Hand mit Hilfe eines geeigneten Mechanismus werfen. Im Falle einer Maschine treten jedoch systematische Fehler an Stelle der subjektiven Beeinflussung auf, und wieder ist das Resultat eine nicht ganz unabhängige Reihe von Ergebnissen. Um systematische Fehler zu vermeiden, können wir die Maschine mechanisch weiter und weiter verbessern. Das Endresultat solcher Verbesserungen kann aber nur sein, daß die Maschine am Ende so zuverlässig arbeitet, daß sie den Würfel jedesmal genau in dieselbe Lage bringt, und daher die erhaltene Reihe ganz und gar nicht mehr als eine Reihe unabhängiger Ereignisse betrachtet werden kann.

Mit diesem Beispiel suchen wir keineswegs zu beweisen, daß es unabhängige Ereignisse nicht gibt, wir wollen nur zeigen, daß man von einer Reihe von Ereignissen nur in einer vernünftigen Näherung behaupten kann, sie bestehe aus unabhängigen Ereignissen.

Im übrigen scheint uns die Annahme, daß eine Reihe von gewissen Ereignissen unabhängig sei, die Ausgangshypothese jeder wahrscheinlichkeitstheoretischen Überlegung zu sein. Ob und wie weit diese Hypothese in einem gegebenen Fall zutrifft, zeigt der Erfolg der Theorie, die auf diese Annahme aufgebaut wird. — Dieses Verfahren in der Wahrscheinlichkeitsrechnung ist dem Verfahren ähnlich, das bei der Aufstellung jeder physikalischen Theorie befolgt werden muß.

Betrachten wir also nach diesen Bemerkungen drei voneinander unabhängige Ereignisse A, B, C mit Wahrscheinlichkeiten p, q, r. Als Beispiel mögen wir an den folgenden Fall denken.

Gehen wir von Meßreihen, bestehend aus drei Messungen, aus: Eine Meßreihe möge drei aufeinanderfolgende Ablesungen einer Apparatur enthalten, die Resultate der drei Ablesungen mögen etwa mit n_1, n_2, n_3 bezeichnet werden. Wir definieren:

> Das Ereignis A trifft ein, falls sich n_1, das Resultat der ersten Ablesung einer Dreierfolge, im Intervall $0 \leq n_1 < 10$ befindet.
>
> Das Ereignis B trifft ein, falls sich n_2, das Resultat der zweiten Ablesung einer Dreierfolge, im Intervall $10 \leq n_2 < 20$ befindet.

> Endlich, das Ereignis C trifft ein, falls sich n_3, das Resultat der dritten Ablesung einer Dreierfolge, im Intervall $20 \leq n_3 < 30$ befindet.

Die obigen Definitionen beziehen sich auf ein willkürlich herausgegriffenes Beispiel. Es ist z. B. ganz unwesentlich, daß sich in dem obigen Beispiel die drei Intervalle für n_1, n_2 und n_3 ausschließen.

Analog zum Abschnitt III wollen wir hier im Falle von unabhängigen Ereignissen A, B, C Zusammenhänge zwischen den entsprechenden Wahrscheinlichkeiten aufschreiben.

Führen wir das Ereignis

$$a = A \text{ und } B$$

ein: Das Ereignis a trifft ein, falls beide Ereignisse A und B eintreffen. In unserem Beispiel bedeutet dies:

> Das Ereignis a trifft ein, falls n_1 und n_2, die Resultate der ersten und zweiten Ablesungen einer Dreierfolge, Werte in den Intervallen
> $0 \leq n_1 < 10$, $10 \leq n_2 < 20$ annehmen.

Die Wahrscheinlichkeit P des Ereignisses a kann als eine Funktion der Einzelwahrscheinlichkeit p und q betrachtet werden, also

$$P = g(p, q)\,. \tag{12}$$

Wir können die folgenden Eigenschaften der Funktion $g(p, q)$ feststellen:

1) In Analogie mit (I)

$$g(p, q) = g(q, p)\,. \tag{I''}$$

2) Falls das Ereignis B die Wahrscheinlichkeit M hat, also gewiß ist, dann ist die Wahrscheinlichkeit für das Eintreffen von A und B gleich der Wahrscheinlichkeit des Eintreffens von A, also

$$g(p, M) = p\,. \tag{II''}$$

2a) Wenn dagegen das Ereignis B nicht eintreffen kann, also falls $q = m$, dann ist

$$g(p, m) = m\,, \tag{II''a}$$

da das Ereignispaar A, B, von dem das eine Ereignis unmöglich ist, selbst unmöglich ist.

3) Falls $q < M$, dann ist die Wahrscheinlichkeit dafür, daß A und B eintreffen, kleiner als die Wahrscheinlichkeit dafür, daß A eintrifft, unabhängig davon, ob B eintrifft oder nicht, man hat daher

$$g(p, q) < p\,, \quad \text{falls} \quad q < M\,. \tag{III''}$$

4) Endlich in völliger Analogie zu (IV) findet man

$$g(g(p, q), r) = g(p, g(q, r))\,. \tag{IV''}$$

Man sieht, daß Gleichungen (I'')—(IV'') genau den Grundpostulaten der Multiplikation entsprechen nämlich:

$$p\,q = q\,p\,, \tag{I'''}$$

$$p\,1 = p\,, \tag{II'''}$$

$$p\,0 = 0\,, \tag{II'''a}$$

$$p\,q < p\,, \quad q < 1\,, \tag{III'''}$$

$$(p\,q)\,r = p(q\,r)\,. \tag{IV'''}$$

Vergleicht man die dreimal gestrichenen Gleichungen mit den zweimal gestrichenen, so sieht man sofort, daß die letzteren befriedigt werden, wenn man setzt

$$g(p, q) = p\,q\,, \quad m = 0\,, \quad M = 1\,. \tag{13}$$

Die Gleichungen (13) stellen aber nicht die allgemeinste Lösung von (I'')—(IV'') dar. Anstatt (13) könnte man auch setzen

$$\left.\begin{aligned} g(p, q) &= \psi^{-1}(\psi(p)\,\psi(q))\,, \\ \psi(m) &= 0\,, \quad \psi(M) = 1\,, \end{aligned}\right\} \tag{14}$$

wobei ψ eine streng monotone Funktion seines Argumentes darstellt und ψ^{-1} die zu ψ inverse Funktion bezeichnet.

Der Unterschied zwischen (13) und (14) ist bloß eine Transformation der Skala. Setzen wir nämlich

$$\psi(p) = p', \quad \psi(q) = q', \quad \psi(P) = P',$$

ferner

$$\psi(m) = m', \quad \psi(M) = M',$$

dann erhalten wir statt (14)

$$P' = p'\,q', \quad m' = 0, \quad M' = 1. \tag{15}$$

Wir sehen also, daß bei geeigneter Wahl der Skala das Gesetz (14) auf Multiplikation zurückgeführt werden kann.

V. Zusammenhang zwischen dem Additions- und Multiplikationsgesetz

Es ist interessant, daß eine Beziehung zwischen den Funktionen φ und ψ besteht. Um dies zu zeigen, betrachten wir drei Ereignisse A, B, C mit Wahrscheinlichkeiten p, q, r. Wir setzen voraus

A schließt B aus,
A ist unabhängig von C,
B ist unabhängig von C.

Die Wahrscheinlichkeit W dafür, daß A oder B außerdem C eintreffen, kann geschrieben werden:

$$W = g(f(p, q)r)$$

oder auch

$$W = f(g(p, r), g(q, r)).$$

Also finden wir

$$g(f(p, q), r) = f(g(p, r), g(q, r)). \tag{V}$$

Die obige Beziehung ist analog zum distributiven Gesetz der Algebra, nämlich

$$(p + q)\,r = p\,r + q\,r. \tag{16}$$

D. h., (V) ist automatisch erfüllt, wenn man für f und g die einfachen Ansätze (8) und (13) gelten läßt. (V) ist aber auch erfüllt, falls man

$$\varphi(q) = \psi(q) \tag{17}$$

setzt. (17) stellt im wesentlichen die allgemeinste Beziehung zwischen φ und ψ dar. (Siehe jedoch den bereits zitierten Artikel von Aczél.) Wir sehen, daß die Wahl der Skala der Wahrscheinlichkeit im wesentlichen nur eine willkürliche Funktion enthält.

Die Untersuchung von Aczél hat im übrigen gezeigt, daß die Beziehungen (8), (13) und (17) aus weniger Voraussetzungen ableitbar wären, als wir hier aufgestellt haben. In gewissem Sinne geben die Gleichungen (I)—(IV), (I″)—(IV″) und (V) eine Überbestimmung der Funktionen f und g.

Wir finden jedoch, daß die von uns aufgestellten Forderungen alle gleichberechtigt sind, und die Tatsache, daß das überbestimmte Problem (I)—(V) doch Lösungen besitzt, kann als eine Bestätigung der Richtigkeit der Problemstellung betrachtet werden.

VI. Bemerkung zur Wahl der Wahrscheinlichkeitsskala

Die Unbestimmtheit der Funktionen f und g, die sich durch die willkürliche Wahl der Funktion φ ergibt, ist nicht eine Eigentümlichkeit des Wahrscheinlichkeitsproblems allein. Wenn man eine beliebige physikalische Größe, etwa Energie, betrachtet, könnte man statt der Maßzahl x, die die Größe in der üblichen Skala charakterisiert, auch eine neue Größe, etwa $x' = \varphi(x)$ einführen. Wenn wir eine derartige Skalenänderung einführen, dann haben wir in allen Formeln, in denen in der üblichen Weise x vorkommt, dieses durch $\varphi^{-1}(x')$ zu ersetzen. Jede Beziehung in x entspricht in einer eindeutig umkehrbaren Weise einer Beziehung in x'.

Nehmen wir als Beispiel die Erhaltung der Energie in einem elastischen Zusammenstoß. Wir können schreiben

$$E_{01} + E_{02} = E_1 + E_2 , \tag{18}$$

wo E_{01}, E_{02} die Energien der zusammenstoßenden Teile vor und E_1, E_2 deren Energien nach dem Zusammenstoß bedeuten. Würden wir die Energie in einer anderen Skala messen, also etwa

$$E' = \sqrt[+]{E}$$

setzen, dann könnte statt (18) auch geschrieben werden

$$(E_{01}'^2 + E_{02}'^2)^{1/2} = (E_1'^2 + E_2'^2)^{1/2} , \tag{19}$$

bzw. beide Seiten der Gleichung können zum Quadrat erhoben werden.

Es scheint uns, daß bei allen physikalischen Größen die Wahl der Skala derart geschieht, daß die wichtigsten Eigenschaften der physikalischen Größen durch Additions- oder Multiplikationsgesetze der Maßzahlen ausgedrückt werden können. Die Wahl $\varphi(p) = p$ sichert dies für die Maßzahl der Wahrscheinlichkeit.

VII. Die quantitative Bestimmung von Wahrscheinlichkeitswerten

In den bisherigen Überlegungen haben wir, von qualitativen Vorstellungen der Wahrscheinlichkeit geleitet, angenommen, daß bestimmten Ereignissen Wahrscheinlichkeitswerte zugeordnet werden können, jedoch haben wir keine Methode angegeben, nach der einzelne Wahrscheinlichkeitswerte quantitativ bestimmt werden können.

Im folgenden wollen wir besprechen, in welcher Weise es gelingt, Maßzahlen für Wahrscheinlichkeiten experimentell zu bestimmen.

Betrachten wir ein Ereignis A mit der vorläufig noch unbekannten Wahrscheinlichkeit p. Reproduzieren wir die Umstände, unter denen das Ereignis A mit der Wahrscheinlichkeit p auftreten kann, N-mal. Falls etwa das Ereignis A das in Abschnitt III definierte Ereignis bedeutet, so lesen wir die dort erwähnte Zähleranordnung N-mal hintereinander ab. Wir bezeichnen die Wahrscheinlichkeit dafür, daß unter den N Ablesungen genau k zu dem Ergebnis A führen, mit $B(N; k)$. Der Ausdruck für $B(N; k)$ wurde von BERNOULLI gegeben; wir leiten diesen Ausdruck kurz ab, nur um zu zeigen, daß er sich aus den von uns hier entwickelten Überlegungen bereits ergibt.

$B(N; k)$ mag als die Wahrscheinlichkeit des folgenden Ereignisses B_k betrachtet werden. Betrachten wir eine Anzahl ähnlicher Meßreihen, jede bestehend aus N Ablesungen. Als das Resultat einer Meßreihe bekommen wir N Zahlen

$$n_1, n_2, \ldots, n_N . \qquad (20)$$

Dem Beispiel aus Abschnitt IV folgend können wir sagen, daß die N-gliedrige Meßreihe so oft das Ereignis A enthält, wie in der Reihe (20) n_i-Werte vorkommen, für die gilt:

$$0 \leq n_i < 10 .$$

Wir sagen:

Das Ereignis B_k trifft ein, falls in der N-gliedrigen Meßreihe das Ereignis A genau k-mal auftritt.

Im Falle $N = 1$ besteht die Meßreihe aus einer Messung. Als Resultat dieser Messung ergibt sich mit einer Wahrscheinlichkeit p das Ereignis A. Bezeichnen wir das Ereignis, in dem das Resultat der Reihe nicht A entspricht mit $\bar{A}$, so muß das Resultat einer Messung notwendigerweise entweder A oder $\bar{A}$ sein. Da die Ereignisse A und $\bar{A}$ sich ausschließende Ereignisse sind, kann dies durch

$$p + \bar{p} = 1$$

ausgedrückt werden, wobei $\bar{p}$ die Wahrscheinlichkeit des Resultates $\bar{A}$ bedeutet, also

$$\bar{p} = 1 - p\,.$$

Wir finden daher für die BERNOULLI-Verteilung im Falle

$$\left.\begin{aligned} B(1;0) &= \bar{p} = 1 - p\,, \\ B(1;1) &= p\,, \\ B(1;k) &= 0, \text{ falls } k > 1\,. \end{aligned}\right\} \tag{21}$$

Für $N > 1$ können die Werte der BERNOULLI-Verteilung durch vollständige Induktion gewonnen werden.

Eine N-gliedrige Meßreihe kann als eine $(N-1)$-gliedrige Meßreihe und eine Einzelmessung aufgefaßt werden. Die N-gliedrige Reihe kann zum Resultat k führen, d. h. k-mal das Ereignis A enthalten, falls *entweder* die $(N-1)$-gliedrige Reihe A bereits k-mal enthält und die Einzelmessung nicht zu A führt. Falls das Resultat der Einzelmessung als unabhängig von den Resultaten der früheren Messungen angesetzt wird, dann ist die Wahrscheinlichkeit für das Eintreffen beider Ereignisse gegeben als das Produkt

$$P_1 = B(N-1;k)\,(1-p)\,.$$

Andererseits mag die $(N-1)$-gliedrige Reihe A nur $(k-1)$-mal enthalten und das k-te Ereignis das Resultat der Einzelmessung sein. Die Wahrscheinlichkeit für dieses Ereignis ergibt sich als das Produkt

$$P_2 = B(N-1;k-1)\,p\,.$$

Die oben beschriebenen alternativen Möglichkeiten stellen sich ausschließende Ereignisse dar, so daß die Wahrscheinlichkeit, daß eines dieser Ereignisse eintrifft, als die Summe ihrer Wahrscheinlichkeiten P_1 und P_2 gegeben ist. Andererseits erschöpfen die zwei angeführten Fälle alle Arten, auf die wir zu einer N-gliedrigen Meßreihe, die A k-mal enthält, kommen können. Wir haben daher

$$B(N; k) = B(N-1; k)(1-p) + B(N-1; k-1)\,p\,. \quad (22)$$

Gleichungen (21) und (22) bestimmen $B(N; k)$ in der Form einer Rekursion, man findet

$$B(N; k) = \binom{N}{k} p^k (1-p)^{N-k}\,, \quad (23)$$

die bekannte Formel.

Die Verteilung (23) hat für große Werte von N, ein scharfes Maximum in k für einen Wert

$$k = k_0 \sim N\,p\,.$$

Wie man leicht zeigt, ist jedoch die Wahrscheinlichkeit dafür, daß eine gegebene Reihe zu dem wahrscheinlichsten Wert k_0 führt, selbst sehr klein. Man findet

$$B(N, k_0) \sim \frac{1}{\sqrt{2\pi N p(1-p)}}\,, \quad (24)$$

also, falls

$$0 < p < 1\,,$$

nimmt die maximale Wahrscheinlichkeit wie $N^{-\frac{1}{2}}$ mit wachsendem N ab.

In der Praxis ist es uninteressant, ob eine Meßreihe genau zum Wert k_0 oder zu einem Wert k in der Umgebung von k_0 führt. Die Wahrscheinlichkeit dafür, daß eine Meßreihe zu einem Wert k in einem Intervall

$$k_1 < k < k_2 \quad (25)$$

führt, ist gegeben als die Summe der Wahrscheinlichkeiten der möglichen Resultate, die verträglich sind mit (25), also

$$B(N; k_1 < k < k_2) = \sum_{k_1 < k < k_2} B(N; k)\,. \quad (26)$$

Wenn die Grenzen k_1 und k_2 ein genügend großes Intervall um k_0 bestimmen, dann wird die Wahrscheinlichkeit, einen

k-Wert im Intervall zu finden, sehr groß, d. h., man kann sagen, es sei fast sicher, daß eine entsprechende Meßreihe zu einem Resultat k im Intervall (25) führen wird.

Wenn wir im Sinne der Ausführungen des Abschnittes I annehmen, daß mit dem Eintreffen eines fast sicheren Ereignisses gerechnet werden kann, so müssen wir annehmen, daß (25) praktisch sicher erfüllt ist.

Mit Hilfe einer rein analytischen Untersuchung der Verteilung $B(N; k)$ können wir explizite Werte für k_1 und k_2 angeben. Als das Resultat dieser Analyse findet man: Es ist sehr wahrscheinlich, daß

$$N\,p - \alpha\,\varkappa < k < N\,p + \alpha\,\varkappa \tag{27}$$

mit

$$\varkappa = \sqrt{N\,p\,(1-p)}\,, \qquad \alpha = 3 \text{ oder } 4. \tag{28}$$

Genauer, die Wahrscheinlichkeit, den Wert k im Intervall (27) zu finden, ist näherungsweise gleich

$$P(\alpha) = 1 - E\left(\alpha/\sqrt{2}\right),$$

wobei $E(x)$ das Fehlerintegral

$$E(x) = \frac{2}{\sqrt{\pi}} \int_0^x e^{-y^2}\,dy$$

bedeutet. Zur Illustration haben wir in Abb. 1 $\log_{10} P(\alpha)$ als Funktion von α aufgezeichnet. Man findet $P(3) = 0{,}003$, $P(4) = 0{,}00006$, d. h., was immer man als „kleine Wahrscheinlichkeit" ansehen mag, die Beziehung (27) kann für nicht zu großen Wert α als gesichert angesehen werden. Wir kommen weiter unten auf diese Frage noch zurück.

Die Beziehungen (27) und (28) haben den Nachteil, daß die durch Messung bekannte Größe k zwischen Grenzen eingeschlossen wird, die von dem unbekannten Wert p der Wahrscheinlichkeit abhängen. Um diesen Übelstand abzuhelfen,

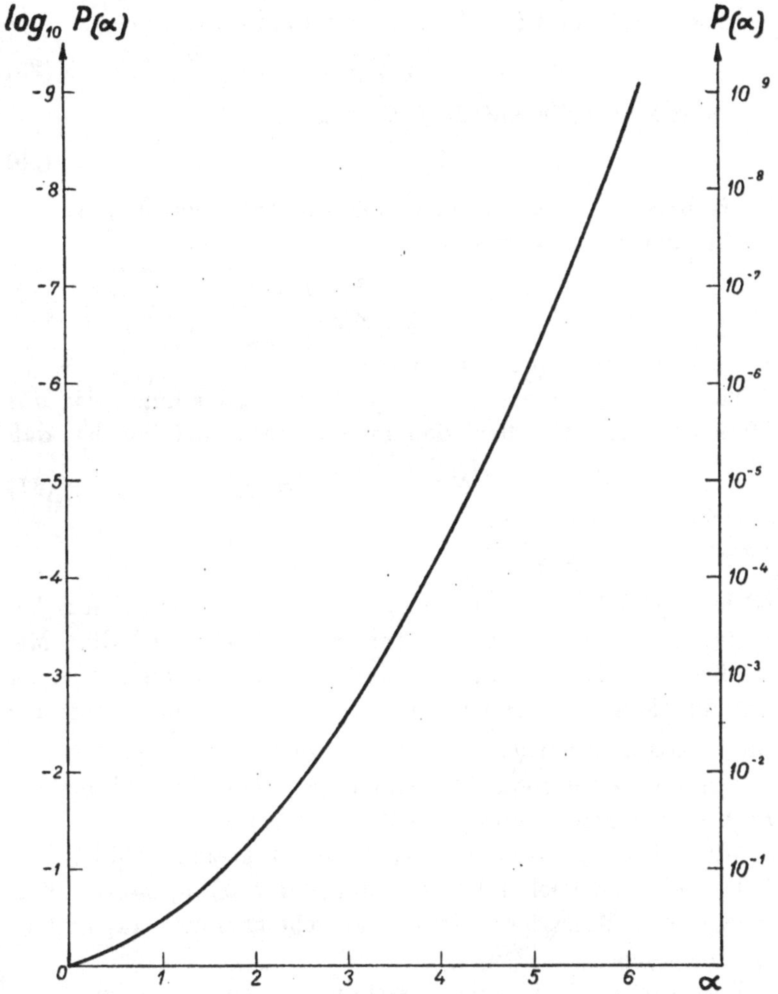
log₁₀ P(α)
P(α)
-9
-8
-7
-6
-5
-4
-3
-2
-1
0
10 ⁹
10⁻⁸
10⁻⁷
10⁻⁶
10⁻⁵
10⁻⁴
10⁻³
10⁻²
10⁻¹
1
2
3
4
5
6
α

Abb. 1.

muß man (27) umdrehen. Dies geschieht in der folgenden Weise.

Anstatt (27) und (28) können wir auch schreiben

$$k = p\,N + \chi(N\,p\,(1 - p))^{1/2}\,, \tag{29}$$

wobei es sehr wahrscheinlich ist, daß

$$|\chi| < \alpha\,. \tag{30}$$

Betrachten wir (29) als eine quadratische Gleichung für p; die Lösung dieser Gleichung lautet

$$p = \frac{\bar{p} - \chi/2\,N \pm (\bar{p} - \bar{p}^2 + \chi/4\,N)^{1/2}\,\chi/N^{1/2}}{1 + \chi^2/N}\,,$$

wobei wir $k/N = \bar{p}$ gesetzt haben.

Vernachlässigen wir χ^2/N gegenüber 1, so können wir mit Hilfe von (30) schließen, daß es sehr wahrscheinlich ist, daß

$$\bar{p} - \alpha\,\bar{\varkappa}/\sqrt{N} < p < \bar{p} + \alpha\,\bar{\varkappa}/\sqrt{N}\,, \tag{31}$$

wobei

$$\bar{p} = k/N\,, \qquad \bar{\varkappa} = \sqrt{\bar{p}(1 - \bar{p})}\,.$$

Gleichung (31) bestimmt ein Intervall, das beinahe sicher den wirklichen Wert p der Wahrscheinlichkeit enthält. Mit wachsendem N hat das Intervall (31) die Tendenz sich zu verschmälern, die Breite des Intervalls nimmt ungefähr proportional mit $1/\sqrt{N}$ ab. (Diese Aussage muß jedoch mit gewisser Vorsicht gemacht werden, da ja $\bar{p}$ nicht als konstant angesehen werden kann.)

Mit Gleichung (31) haben wir unser Programm erfüllt. Wir haben eine Formel gefunden, mit deren Hilfe bestimmten Ereignissen Maßzahlen ihrer Wahrscheinlichkeit zugeordnet werden können.

Daß wir p nicht genau bestimmen können, sondern nur ein Intervall angeben können, von dem es sehr wahrscheinlich ist, daß es p enthält, ist nicht eigentümlich für die Bestimmung der Wahrscheinlichkeit. Wann immer wir durch Messung physikalische Größen bestimmen, können wir nur einen „gemessenen Wert“ für die Größe angeben und gewisse mögliche Fehlergrenzen des gemessenen Wertes. D. h., das Ergebnis der Messung einer jeden physikalischen Größe führt lediglich zu einem Intervall, innerhalb dessen der wahre Wert vermutet werden muß. Je größer das Intervall, mit desto größerer Sicherheit kann behauptet werden, daß der wahre Wert innerhalb dieses Intervalls liegt. Im Falle der Wahrscheinlichkeit p ist das Intervall durch (31) gegeben, die Sicherheit, daß der wahre Wert von p in dieses Intervall fällt, wächst sehr schnell mit wachsendem α. Für wissenschaftliche Untersuchungen sollte α nicht kleiner als Drei gewählt werden, aber es ist ratsam, wesentliche Schlußfolgerungen nur dann zu ziehen, wenn das Intervall wenigstens $\alpha = 4$ entspricht.

B. W. GNEDENKO

Lehrbuch der Wahrscheinlichkeitsrechnung

Übersetzung aus dem Russischen

(Mathematische Lehrbücher und Monographien. I. Abteilung: Mathematische Lehrbücher, Band VIII)

1958. 2., unveränderte Auflage. XI, 387 Seiten — 20 Abbildungen — 30 Tabellen — gr. 8° — Ganzleinen DM 29,50

Seit langem wird ein modernes Lehrbuch für das immer wichtiger werdende Gebiet der Wahrscheinlichkeitsrechnung erwartet. Mit der Übersetzung des Werkes von Gnedenko legen wir dem deutschen Leser eine mathematisch strenge Darstellung der Anfangspunkte der Wahrscheinlichkeitsrechnung vor. Natürlich kann ein Lehrbuch, das dem Studenten etwa vom 2. Studienjahr an zugänglich sein soll, keinen streng axiomatischen Aufbau der Wahrscheinlichkeitsrechnung vornehmen, denn dazu wäre die abstrakte Maßtheorie nötig, sondern es muß didaktische Gesichtspunkte in den Vordergrund stellen. Nach sechs elementaren Kapiteln, in denen die Grundbegriffe der Wahrscheinlichkeitsrechnung auseinandergesetzt werden, folgen einige Kapitel über speziellere Gebiete (charakteristische Funktionen, Summen von zufälligen Größen, stochastische Prozesse und mathematische Statistik). Die Stoffauswahl muß in manchen Kapiteln eine persönliche Note tragen. Am deutlichsten wird dies wohl in den Abschnitten über stochastische Prozesse und mathematische Statistik. Aber es wird jeder, der an den modernen Problemen der Wahrscheinlichkeitsrechnung interessiert ist, sich in diesem Buch Kenntnisse aneignen können, die für das Studium von Originalarbeiten notwendig sind. Das reichhaltige Literaturverzeichnis gibt zugleich Hinweise zur Behandlung spezieller Fragen.

Bestellungen durch eine Buchhandlung erbeten

AKADEMIE - VERLAG · BERLIN

FSC
www.fsc.org
MIX
Papier | Fördert gute Waldnutzung
FSC® C083411

Zeitfracht Medien GmbH
Ferdinand-Jühlke-Straße 7
99095 Erfurt, Deutschland
produktsicherheit@kolibri360.de